BEI GRIN MACHT SICH IHR WISSEN BEZAHLT

- Wir veröffentlichen Ihre Hausarbeit, Bachelor- und Masterarbeit

- Ihr eigenes eBook und Buch - weltweit in allen wichtigen Shops

- Verdienen Sie an jedem Verkauf

Jetzt bei www.GRIN.com hochladen und kostenlos publizieren

Bibliografische Information der Deutschen Nationalbibliothek:

Die Deutsche Bibliothek verzeichnet diese Publikation in der Deutschen National-
bibliografie; detaillierte bibliografische Daten sind im Internet über http://dnb.d-
nb.de/ abrufbar.

Impressum:

Copyright © 2014 GRIN Verlag, Open Publishing GmbH
Druck und Bindung: Books on Demand GmbH, Norderstedt Germany
ISBN: 978-3-668-13300-6

Henning Jensöntner

Soziale Disparitäten in Innenstädten. Der "kriminelle" Raum

Ein Beitrag zur Kritischen Geographie

GRIN Verlag

Johannes Gutenberg-Universität Mainz

Geographisches Institut

Übung: M8 Theorien der Humangeographie

Hausarbeit (Sommersemester 2014)

Der Dritte Raum -

Critical Geographies / Kritische Geographie

Abgabe: 01.09.2014

B.Sc. Geographie

Fachsemester: 4

Inhaltsverzeichnis

1. Einleitung

In der modernen Humangeographie hat die „kritische Geographie" eine Schlüsselrolle übernommen. In den 1970er Jahren ersetzte sie im angloamerikanischen Sprachraum die bis dahin sehr quantitativ geprägte Arbeitsweise. Kritisch nahm sie Einfluss auf geographische Themen: Neu war allerdings die sehr strukturalistische Ausrichtung (vgl. REUBER 2012: 97). Auch auf die Gesellschaftswissenschaften vermag der neue gesellschaftstheoretische Ansatz gewirkt zu haben (vgl. REUBER 2012: 97 nach SMITH 2001).

Der Begriff „kritische Geographie" ist demnach vermeintlich einfach zu definieren. Doch „das grundsätzliche Problem der Bezeichnung einer bestimmten akademischen Wissensproduktion als „kritisch" besteht darin, „dass, formal gesehen, wissenschaftliches Denken immer kritisches Denken ist" (BELINA 2006: 343 nach MARKARD 2005). Zumindest „kritisch gegenüber anderen Ansätzen und Autoren" (BELINA 2006: 343 nach MARKARD 2005). So widerruft sich eine „unkritische Wissenschaft" in „sich selbst" (vgl. BELINA 2006: 343). Eine unkritische Wissenschaft existiert folglich nicht. Daraus schließend bezeichnet die „Kritische Geographie" - oder auch „radical geography" - eine weiter gefasste Kritik an etwas Materiellem, an Phänomenen und Prozessen. Über etwas hinauszudenken, etwas zu hinterfragen, das selbstverständlich geworden zu sein scheint, zeichnet einen merkbaren Unterschied zu einer ‚unkritischen' Wissenschaft aus (vgl. BELINA 2006: 343).

In der folgenden Ausarbeitung wird auf die Ursprünge der „Kritischen Geographie" eingegangen. Dazu zählt ein Diskurs zu den Aussagen des Marxismus und dessen gegenwärtige Strömungen, sowie die nähere Beleuchtung führender „kritisch-geographischer" Forscher. Des Weiteren wird auf die Kernaussagen und Raumperspektiven eingegangen. Insbesondere Henri Lefebvres Raumkonzept und das Konzept der „scale Debatte" werden gesondert betrachtet. Hierfür ist es auch notwendig, sich näher mit den, der „Kritischen Geographie" nahe stehenden, Forschungsströmungen – wie etwa der Politischen Geographie und der Geopolitik - zu beschäftigen.

Die „Kritische Geographie" bietet in ihrer breiten kritischen Auslegung folglich durchaus die Möglichkeit, viele Themenbereiche des Alltags zu untersuchen. Diverse Arbeitskreise haben sich gebildet und erstellen und sammeln Berichte aus kritisch-politisch geführten aktuellen Untersuchungen. Insbesondere der „Ausverkauf der Städte", damit ist die stetige Privatisierung öffentlichen Raumes gemeint, lassen sich in der Veröffentlichungen häufig wiederfinden. „Wem gehört die Stadt?" sind häufige Phrasen, mit denen linke Aktivisten ebenso zahlreich auf sich aufmerksam machen. Ein aktuelles Fallbeispiel wäre der Mainzer Zollhafen, der mit großen bebaubaren Flächen Investoren anlockte (Der Bau teurer Wohnungen hat bereits begonnen) (vgl. Abbildung 1). Ein weiteres Phänomen der Gegenwart, welches durch einen „globalisierten Stadtmarkt" entstand, führt man unter dem Begriff der „unternehmerischen Stadt". Städte sind

Abbildung 1: Das Rheinkai 500 Projekt am Zollhafen Mainz. Ungenutzter städtischer Freiraum wird zum Bau teurer Wohnhäuser genutzt. Protestgraffiti: THE CITY IS NOT FOR SALE. (Eigene Fotografie).

einem weltweiten Konkurrenzkampf unterlegen und nutzen ihre Stellung innerhalb des Stadt-Containerraums zu diesem Zwecke aus. Gemeint ist die Ästhetik einer (Innen-)Stadt, in die diverse Dinge hineinspielen: Beispielsweise allgemeine Sauberkeit und (prägende) Architektur. Zu einem sauberen Image zählt auch das Sicherheitsgefühl, die Abwesenheit von Kriminalität. Sicherheit und Kriminalität sind Begriffe, die immer wieder bei politischen Diskussionen und in Wahlkämpfen zu Tage treten. Empfindliche Reaktionen sind die Folge, da ein Gefühl der Sicherheit unabdingbar zum Image eines Ortes dazugehört. Negative, durch Kriminalität hervorgerufene, Erfahrungen werden in den Medien vermittelt und treten in den verschiedensten Formen täglich auf (vgl. ROLFES 2003: 330). In dieser Hausarbeit wird, der „kritischen Geographie" entsprechend, untersucht, ob eine Gleichschaltung von Raum und Kriminalität stattfindet und wie diese im (historisch-materialistischen) Kontext einzuordnen ist. Ob dieses Phänomen auch auf eine größere bzw. kleinere Maßstabsebene skalierbar ist, wird ebenfalls hinterfragt. Dies wird unter anderem anhand eines Fallbeispiels aus Bremen näher erläutert.

2. Ursprung und Kernaussagen der „Kritischen Geographie"

Ihren Ursprung hatte die „Kritische Geographie" bereits in den Strömungen der Politischen Geographie (bewusst mit einem großen ‚P'). Die Entstehungen der „kritischen Geographie" und der Politischen Geographie sind gute Beispiele „für die Verkopplung von Wissen, Raum und Macht und für die gesellschaftlichen Folgen" (REUBER 2012: 69). Im Folgenden wird kurz die Konzeption der Politischen Geographie erläutert, da diese einen historisch gereiften „Nährboden" umfasst, der die gesellschaftlichen Rahmenbedingungen bildet. Diesen Bedingungen liegen folgende Konzepte zugrunde:

a) Naturdeterminismus

b) Nationalismus und ‚nation building'

c) Darwinismus (als Basis für naturdeterministisches Konzept)

d) Staatsorganizismus

e) Imperialismus und Kolonialismus.

Der Naturdeterminismus (a), der Nationalismus (b) und der Darwinismus (c) können als das länderkundliche Weltbild der deutschen Geographie im frühen 19. Jahrhundert zusammengefasst werden (vgl. REUBER 2012: 72 nach SCHULTZ 2001). Diese Konzepte trugen dazu bei, dass Staatsgrenzen nach natürlichen Identitäten zu verlaufen hatten. „Entsprechend korrelierte man Kontinente mit Rassen, die Ländern mit Völkern und die Landschaften mit den Stämmen" (Reuber 2012: 72). Man gab einer Nation einen physisch-materiellen Charakter. Der Staatsorganizismus (d) beschreibt den „Staat als ein mit dem Boden verwurzeltes „Wesen"" (REUBER 2012: 75 nach RATZEL). RATZELS Theorien im Jahre 1847 waren besonders für kolonialistische Raubzüge geeignet, da eine Inanspruchnahme anderer Länder nun besser zu rechtfertigen war (vgl. REUBER 2012: 80). „Generell eignete sich diese Begründungslogik der staatsorganizistischen Geopolitik auch" (REUBER 2012: 83) für kriegstreibende Politik und Propaganda im Zeitraum der Weimarer Republik und die der nationalsozialistischen Herrschaft.

In der Nachkriegszeit versuchte man gewissenhaft die Politische Geographie und die Geopolitik voneinander zu trennen. Die Geopolitik stand als politisch und ideologisch ausgerichtete Form der Wissenschaft dar, getrennt davon die Politische Geographie: Sie verpflichtete sich als „vermeintlich objektive, neutrale, rein wissenschaftlichen Denk- und Analyseprinzipien verpflichtete Form von Wissenschaft" (REUBER 2012: 88). Dies sollte sich – eher als „disziplinarische Notbremse" (REUBER 2012: 88) – als langanhaltende Differenzierung herausstellen. In den 1970er und 1980er Jahren war es dann die „Radical Geography", die die Politische Geographie komplett neu konzeptualisierte (vgl. GEBHARDT et al. 2011: 791).

Diese neu entstandene Teilströmung der Politischen Geographie fokussierte – wie bereits beschrieben – die Analyse politisch-geographischer Phänomene und erweiterte diese auf die Analyse genereller Raum-Macht-Asymmetrien (vgl. GEBHARDT et al. 2011: 791). Diese Entwicklung war durchaus abzusehen, da marxistisches Gedankengut allmählich den Westen erreichte (,,Westlicher

Marxismus" (REUBER 2012: 97)). David Harvey erkannte dies und begründete die „Kritische Geographie" auf der Philosophie Marx' (vgl. Kapitel 2.1.), da diese strukturalistische, philosophische Lesart, sich abseits „oberflächlicher Erscheinungen" (REUBER 2012: 100) bewegte, sondern tiefgründiger nach Zusammenhängen und nach den „zugrunde liegenden Wurzeln suchte" (REUBER 2012: 100). Konkret bedeutet dies, dass die „Kritische Geographie" die Gesellschaft als duales System aus Politik und ökonomischen Institutionen konzeptualisierte und gleichzeitig Kritik an der marktwirtschaftlich-kapitalistischen Welt ausübte (vgl. REUBER 2012: 100).

2.1 Die marxistische Theorie und seine Übertragung auf die Kritische Geographie

Dieses vorangegangene politökonomische Konzept geht – wie bereits beschrieben - aus der marxistischen Lehre hervor. Grundlegend geht man von einer sozialen Differenzierung nach Klassen aus. Zu Marx Lebzeiten waren diese: Bourgeoisie und das Proletariat. Marx erkannte weiter, dass das Verhältnis zur Natur grundlegend für eine Gesellschaft ist. Um diesem Verhältnis zu entreißen bedarf es Arbeit, sowie einer Analyse der *natürlichen Gegebenheiten*, der *Arbeitsmethoden* und der *Arbeitsteilung in der Gesellschaft*. Diese drei Faktoren bilden die Produktionsverhältnisse. Marx erkannte weiterhin, dass der Tatbestand der Arbeitsteilung besonders auf die Bildung von Privateigentum zurückführt: „Niedere" Arbeit – ausgeführt vom Proletariat – wird scharf von „höherer (oder wertigerer) Arbeit" (ausgeführt von der Bourgeoisie) getrennt. Es entstehen Klassen, da sich ein Einzelner nicht nur durch einen besonderen „gesellschaftlichen Wert", sondern aufgrund seines privaten Besitzes zu den administrativen „höheren" Funktionen zählen darf. Diese entstandene Gesellschaftsstruktur zeichnet sich als Organisation des Eigentums und der gesellschaftlichen Klasse aus (Marx nennt dies: Produktionsweise) (vgl. LEFEBVRE 1975 59ff.). Genauer beschreibt er eine starke Trennung und gleichzeitige Abhängigkeit von Individuum und Gesellschaft. „Er sah die Handlungen von Menschen vor allem als Ergebnis gesellschaftlicher Zwänge und Rahmenbedingungen, als Resultat der sie umgebenden ‚Strukturen' (REUBER 2012: 100). Das Bild einer Marionette erklärt diese Aussage vielleicht noch am treffendsten.

„Auch wenn diese neugeborene marxistische Geographie dazu tendierte nach innen gerichtet, wechselhaft in ihrer kritischen Haltung und wahrscheinlich aus diesem Grund [...] unbeachtet zu bleiben, erschütterte sie die Fundamente der Modernen Geographie" (SOJA 2008: 77).

Inhaltlich versteht sich die „Kritische Geographie" folglich als „geography from the left" (REUBER 2012: 99 nach WALKER 1989), als Geographie des linken politischen Randes. Der von Marx geprägte Historische Materialismus wurde in der Geographie der 1970er und 1980er Jahre zum bevorzugten Weg, räumliche Formen (vgl. 2.2.) mit sozialen Prozessen zu verbinden. Schrittweise entfernte man sich vom vorherrschenden geographischen Mainstream dieser Zeit und unterwarf bekannte

Themenfelder der Modernen Geographie den von Marx' Politischer Ökonomie bereitgestellter Erklärungen (vgl. SOJA 2008: 87).

2.1.1. Die blockierte Marx-Rezeption im Westen

Bis diese Veränderungen der Modernen Geographie, die erstmals im anglophonen Sprachraum auftraten, in Deutschland Einzug fanden, verging einige Zeit. Im deutschsprachigen Raum herrschte eine „Denkblockade bei der Marx-Rezeption" (REUBER 2012: 98). Anzuführen sind dafür historische Gründe: Mehrheitlich machte die deutsche Gesellschaft die marxistisch, anti-kapitalistische Ideologie für die - in der BRD vermittelte –‚schwierige' Situation in der DDR und Osteuropa verantwortlich (time lag) (vgl. REUBER 2012: 98).

2.2 Die Raumproduktion nach Henri Lefebvre

„Dass sich politökonomische Ansätze gleichzeitig auch gut für die Analyse gesellschaftlicher Raumstrukturen eignen, liegt nach Henri LEFEBVRE [...] an der Möglichkeit, in ihrem strukturalistischen Rahmen ‚räumliche' Aspekte angemessener zu berücksichtigen" (REUBER 2012: 101). Selbst Marx erkannte die im Kontext seines Historischen Materialismus entstandenen Analysen als geographische Dimension. Er sah die sozio-ökonomischen Asymmetrien als global auftretendes Problem (vgl. REUBER 2012: 101).

Dennoch lag sein Schwerpunkt nicht auf der der räumlichen Frage. 1974 veröffentlichte Henri LEFEBVRE das Werk „Raumproduktionen", in dem er sich erstmals von den klassischen-deterministischen Ansätzen (vgl. REUBER 2012: 102) abhebt, denn von Interesse war nun nicht mehr der (Natur-) Raum ‚an sich', sondern seine Rolle in der sozialen Praxis (REUBER 2012: 102 nach vgl. BELINA & MICHEL 2007).

LEFEBVRE ‚produziert' einen differenzierten geographischen Raum, wonach Raum kein vorliegendes Objekt (Materialismus), sowie kein reines Gedankenkonstrukt (Idealismus) ist, sondern das Produkt – hier erkennt man die Denkweisen Marx' – sozialer Praxen (historischer Materialismus) (vgl. BELINA & Michel 2007 in Reuber 2012: 101). LEFEBVRE konzipierte aus seinen Untersuchungen einen dreigeteilten Raum (vgl. Abbildung 2).

a) die räumliche Praxis

b) Raumrepräsentation

c) Repräsentationsräume

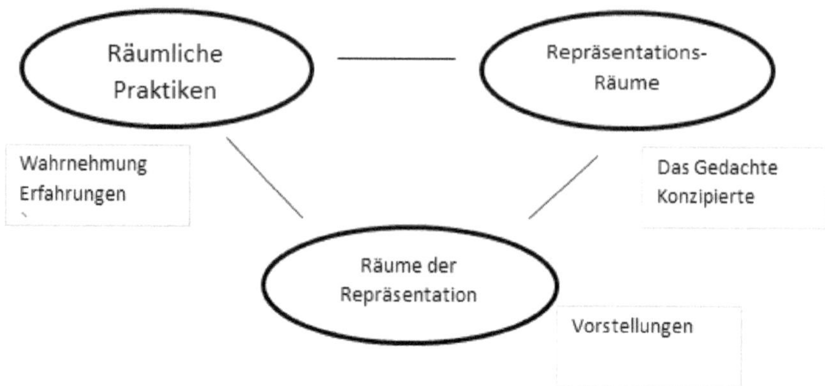

Abbildung 2: Das dreigeteilte Raumkonzept nach LEFEBVRE (eigene Zeichnung)

Unter der ‚räumlichen Praxis' (a) versteht LEFEBVRE den wahrgenommenen (sozialen) Raum, der den Alltag und die „städtische Wirklichkeit (Wegstrecken und Verkehrsnetze, […] Arbeitsplätze, Orte des Privatlebens und der Freizeit […]" (LEFEBVRE 1974: 335) miteinander verbindet. Diese Ebene kann als materielle, wahrnehmbare Ebene gesehen werden (vgl. REUBER 2012: 102).

Raumrepräsentationen (b) sind konzipierte, imaginierte Räume. Diese sind eng „mit den Produktionsverhältnissen verbunden" (LEFEBVRE 1974: 333) und betonen, dass diese „raumbezogenen Konstruktionen als Teil gesellschaftlicher Strukturierungen machtgeladen und daher auch umkämpft sind" (REUBER 2012: 102). Diese zweite Raumebene weist eher einen symbolischen, konzipierten Charakter auf (vgl. REUBER 2012: 102).

Die Repräsentationsräume (c) sind die ‚gelebten Räume'. Diese legen sich über den physischen Raum und benutze ihre Objekte symbolisch. „Sie sind vom Imaginären und vom Symbolismus durchdrungen und haben ihren Ursprung in der Geschichte eines Volkes sowie jedes Individuums, das zu diesem Volk gehört" (LEFEBVRE 1974: 339). Der Räume der Repräsentation „stellen im Prinzip eine Kombination der ersten beiden Ebenen dar und weisen […] darauf hin, dass die Aspekte der Materialität und der Repräsentation im […] gesellschaftlichen Kontext untrennbar miteinander verkoppelt sind" (REUBER 2012: 102).

Der obenstehenden Raumproduktion entsprechend, wird noch einmal deutlich, dass der „geographische Raum als gesellschaftliches Produkt angesehen wird. Die Ansicht, dass der „soziale Raum das finale Ergebnis sozialer Praxis ist, bedeutet für das Verständnis der Gesellschaft, dass ihre sozialen Praktiken den Raum erst wirklich und konkret werden lassen (vgl. REUBER 2012: 102 nach BELINA & MICHEL 2007).

„Vor diesem Hintergrund ist für die „kritische Geographie" die Analyse räumlicher Aspekte immer eine Analyse der gesellschaftlichen Machtverhältnisse, die diese produzieren" (REUBER 2012: 102).

Die Frage ‚Was ist Raum' bedarf einem Ersatz. Im weiteren Verlauf dieser Hausarbeit ebenfalls noch von Belangen, sollte es ersatzweise heißen: „Wie kommt es, dass unterschiedliche Praxen unterschiedliche Raumkonzepte hervorbringen und nutzen" (REUBER 2012: 102 nach HARVEY 1973)?

Diese Grundperspektive lässt sich auch auf unterschiedlicher Maßstabsebene wiederfinden. Die oben dargestellte Raumproduktion lässt sich – fast stufenlos – auf globale Probleme projizieren, als auch auf die lokale Ebene herunter skalieren. Dies ist möglich, dies erkannte bereits Marx, da die „lückenlose Aufteilung der Welt nicht aus einzelnen Raumcontainern von Nationalstaaten besteht" (REUBER 2012: 103). Zusammengefasst wird diese Konkretisierung der „Kritischen Geographie" unter dem Begriff der „scale-Debatte".

2.3 Die „scale-Debatte"

Die Skalierung von sozialräumlichen Problemen auf eine andere Maßstabsebene (scale) zeigt folglich, dass es sich dabei nicht um eine „neutrale Kategorie gesellschaftlicher Strukturierung handelt, sondern um Formen von Herrschaft und Kontrolle" (GEBHARDT et al.: 2011: 792).

Eine besondere Rolle nimmt die „scale-Debatte" ein, indem sie soziale Machtasymmetrien deutlich hervorbringt und auch bedeutsam beflügelt, aber dennoch unter der räumlichen Containerlogik verdeckt (vgl. REUBER 2012: 104 nach Wissen 2008). Anhand der Abbildung 3 ist dieses Phänomen vereinfacht dargestellt: Globale Entscheidungen treffen auf den darunter liegenden Raumcontainer (nation state). Diese Ebene gibt die Bedingungen an die darunter liegende lokale Ebene weiter. Ähnlich zum

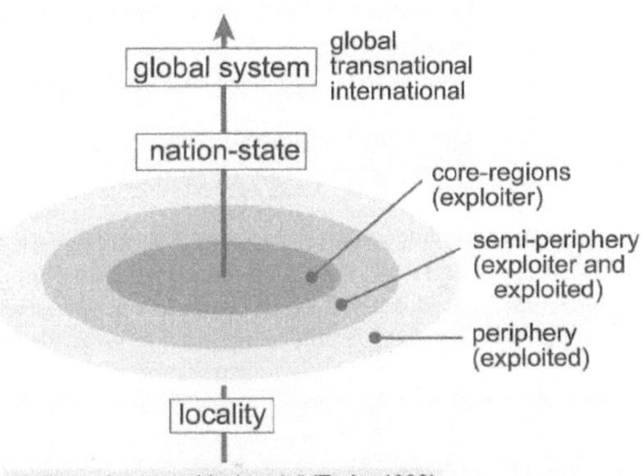

Abbildung 3: Das System politisch-geographischer Maßstabsebenen und Abhängigkeitsbeziehungen aus Sicht der radical geography. (Reuber 2012: 105 nach Taylor 1993, Wallerstein 1991)

fragmentierten Weltmodell SCHOLZ' (vgl. SCHOLZ 2000: 12) wird im Modell noch in drei Typen mit unterschiedlichem gesellschaftlichem Machtpotential unterschieden. Die „core regions" als „Ausbeuter", die „semi periphery" als ausbeutende und ausführende Ebene und die „periphery", dessen Zugehörige ausgebeutet werden. Taylor bringt diesen Zusammenhang auf den Punkt:

„Capitalizm is organized globally, justified nationally and experienced locally" (REUBER 2012: 105 nach TAYLOR 1993). Die Scales boten „ein relativ geschmeidiges Gerüst, in dem und durch das die ungleiche räumliche Entwicklung verschiedener Typen von Orten, Territorien und Zonen des Tauschs unterschieden werden konnte" (REUBER 2012: 105 nach BRENNER 2008).

2.4. Kurze Zusammenfassung der Kernaspekte der „Kritischen Geographie"

Offenbar hat sich die geographische Sichtweise in den 1970er und im deutschen Sprachraum in den 1980er Jahren sichtbar gewandelt. Erweiterte und flexiblere Grenzen, ermöglichten der Geographie politischer und kritischer zu sein als zuvor. Vom „Historischen Materialismus" Marx', also der sozialräumlichen Produktion eines Raumes, stellt sich die „Kritische Geographie" nun als aktiver Teilnehmer dar. Forscher wie Belina, Harvey, Smith und einige weitere, betraten als Vertreter der Geographie als Wissenschaft den Ring der Politik und waren nicht länger nur „Erfüllungsgehilfin" (Reuber 2012: 114), sondern warten kritisch-argumentierende Distanz zu den sozialen, politischen und ideologischen Machteliten.

Im Einzelnen zielen sie auf eine

- gerechtere Verteilung der symbolischen Gestaltungsmacht
- gerechtere Verteilung der Verfügungsmacht über örtlich lokalisierte Ressourcen (Produktionsmittel)
- und auf einen Ausgleich räumlicher Disparitäten mit Adressierung unterschiedlicher Maßstabsebenen (,scales') und die damit verbundenen sozialen Problematiken. Beispielsweise die Ungleichverteilungen im Weltsystem, auf der Ebene von Städten oder auch auf Ebene einzelner Stadtteile (vgl. REUBER 2012: 113f.)

Diese zuletzt angeführte skalierbare Asymmetrie soll im folgenden Kapitel genauer erläutert werden.

3. Soziale Disparitäten in (Innen-)Städten anhand eines Praxisbeispiels aus Bremen

In den letzten Jahren sind in zahlreichen Städten, Gemeinden und Landkreisen – erweitert skalierbar auf die Ebene eines Staates oder auf die des gesamtheitlichen Globus – kriminologische Regionalanalysen durchgeführt worden. Diese galten als Reaktion auf die Bedeutungshochs der politischen Themen „Sicherheit" und „Kriminalität" in den 1990er Jahren (vgl. ROLFES 2003: 331). Kriminologische Analysen messen – möglichst kleinräumig – das Aufkommen von kriminellen Delikten „und eine daraus resultierende Identifizierung sozialer Brennpunkte" (ROLFES 2003: 332).

Aus Sicht von Kriminologen ist die raumorientierte Kriminalitätsanalyse ein Instrument zur Ermittlung problematischer Gebiete, aber auch eine Grundlage für die optimierte Handlungen und Einsätze von Sicherheitskräften. Bestandteile einer Analyse einer bestimmten Region (z.B. Stadtviertel oder Landkreis) setzen sich aus objektiven, sowie subjektiven Datenerhebungen zusammen. Objektive Daten, wie etwa die Polizeiliche Kriminalstatistik und die der Strafverfolgungsbehörden, weisen des Öfteren Schwächen auf, da das Anzeigeverhalten der Bevölkerung (Dunkelziffer) hierbei nicht berücksichtigt werden kann. Subjektive Daten, wie etwa das Sicherheitsgefühl der Bevölkerung, ergänzen die absoluten Zahlen der offiziellen Statistiken (vgl. ROLFES 2003: 332ff.).

Probleme dieser Kriminalitätsanalyse ergeben sich dann, wenn die Ursachen bestimmt werden sollen. Ein Stadtzentrum beispielsweise ist vielmehr durch seine „Eigenschaft als sozialer, ökonomischer und kommunikativer Mittelpunkt der Stadt" (ROLFES 2003: 338) Faktor für ein erhöhtes Aufkommen von Kriminalität, als durch seine zentrale Lage und Vermittlung als Containerraum (vgl. ROLFES 2003: 338). Obwohl ein Raum an sich nicht „kriminell" belastet sein kann (vgl. BELINA 1999: 60), wird er hier mit „sozialen Attributen (negativ) „aufgeladen"" (ROLFES 2003: 338). Weiterhin werden in Ergebnissen einer Kriminalitätsanalyse unvorsichtig Rückschlüsse von der Makro- auf die Mikroebene gezogen. So werden Kriminalität und der soziale Status eines Bezirks auf die Individualebene heruntergebrochen, was beweist, dass dem Raum ein krimineller Status auf erdacht werden kann (vgl. ROLFES 2003: 339f.) (vgl. Tabelle 1)!

Akt	Diebstahl, Mord etc.	Konkret
Individuum	DiebIn, MörderIn, etc. (‚DeliquentIn')	
Gruppe	Ehem. Proletariat (‚gefährliche Klassen') Heute: AusländerInnen, Kinder/Jugendliche, Junkies, Obdachlose etc.	
Raum	Innenstadt (‚gefährliche Orte')	abstrakt

Tab. 1: Die historische Entwicklung des Gegenstandes der Kriminalisierung (BELINA 2000: 105).

Historisch materialistisch bedeutet dies, dass der Raum, kriminell aufgeladen, ein Element sozialer Kommunikation – ein Produkt sozialer Praxis – ist. „Nach KLÜTER spannt ein soziales System (beispielsweise die Polizei oder die örtliche Verwaltung) im Rahmen ihrer kommunikativen Prozesse einen „abstrakten Raum" […]auf" (ROLFES 2003: 343 nach KLÜTER 1999). Negativimages einer Stadt oder auch nur eines bestimmten Stadtteils entstehen aus dieser Abstraktions-Hypothese. Denn Raumabstraktionen haben „bewusste, vor allem aber auch unbewusste Handlungen zur Folge. […] Sie steuern soziales Handeln, und andere orientieren sich an diesem Handeln" (ROLFES 2013: 344 nach HARD 1986). „[...] Raumabstraktionen sind eine vereinfachende und komplexitätsentlastende Übersetzung von räumlichen Gegenbenheiten (z.B. Unsicherheit und Kriminalität) in eine räumliche Begrifflichkeit (welche Stadtteile und Orte zu meiden sind)" (ROLFES 2003: 344)

3.1 Die „kriminelle" Innenstadt in der Praxis

BELINA ging noch weiter und untersuchte die kriminologischen Analysen und insbesondere die darauf entwickelten Maßnahmen der kriminologischen Erhebung der Stadt Bremen auf ihre ideologische Ursache und auf die soziale ‚Verräumlichung' der jeweiligen Stadtbezirke.

Mit dem Ziel ‚Weltmarkttauglichkeit' wurden Städten (und Regionen) neue Konkurrenten zugeführt. Benachbarte Kommunen, Landkreise oder Bundesländer sind in der Folge der herunterskalierten Globalisierung (hier wird die ‚production of scales'-Debatte deutlich) in einer Wettbewerbssituation gelandet. Ziel dieser „unternehmerischen Städte" ist es „möglichst viel gutes Geschäft bei sich anzusiedeln" (BELINA 2000: 91). Dazu zählen:

1. Produktionsstätten möglichst hochwertiger Waren und Dienstleistungen

2. Stetiges Konkurrenzverhalten um Bundes-, Landes- und EU-Mittel.

3. Kontrollfunktionen, v. A. in global wichtigen Spielräumen: Finanzen, Regierungssitze, usw.

4. ‚gehobene' Konsumption mit hohem Kaufkraftpotential. Gehoben bedeutet in diesem Zusammenhang, die äußerliche Erscheinung einer innovativen, aufregenden, kreativen sowie sicheren Stadt zu vermitteln. (vgl. BELINA 2000: 91 nach HARVEY 1989).

Nach außen bedeutet der hier zuletzt aufgeführte Punkt, dass sich die Eliten – sprich die Stadtpolitik – Maßnahmen überlegen, diese Symbolik weiterhin nach außen zu transportieren und das Bild der Stadt weiterhin hoch zu halten. Ein neues Mittel dagegen sind nach BELINA sogenannte „Betretungsverbote" für festgelegte Bereiche einer Stadt. In der Hansestadt Bremen sind seit 1992

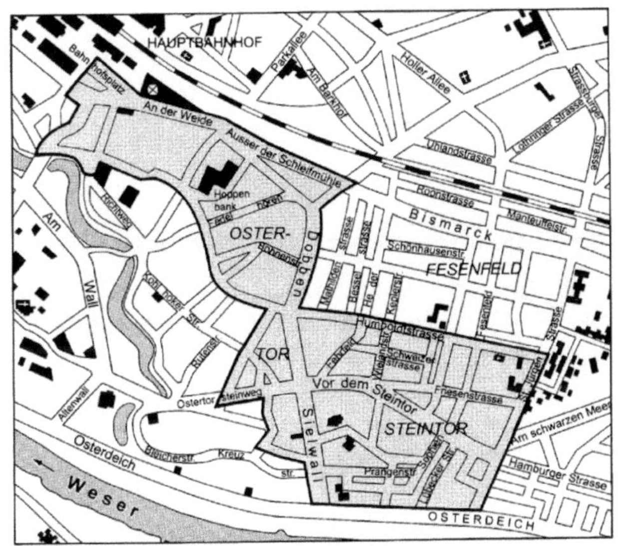

Abbildung 4: Die Bereiche des Betretungsverbots für ‚mit Betäubungsmitteln in Erscheinung getretene Personen' in Bremen (Belina 1999: 62 nach Arab 1997).

die an die Innenstadt angrenzenden Ortsteile Bahnhofsvorstadt (mit dem aufwendig umgestalteten Bahnhofsvorplatz) und Steintor (das sog. «Viertel», mit Kneipen-, Kultur und Drogenszene) betroffen Der Vorwurf – als eine Standardbegründung: Die aufgegriffenen Personen seien bereits mit Betäubungsmitteln in Erscheinung getreten und erhalten ein 6-monatiges Betretungsverbot der in Abbildung 4 dargestellten Bereiche. Auch in im Hamburger Stadtteil St. Georg (angrenzend an innerstädtische Bereiche sowie an den Hauptbahnhof) sowie in Stuttgarts Innenstadt wird Personen mehrmonatiges Aufenthaltsverbot ausgesprochen (vgl. BELINA 1999: 60ff. und BELINA 2000: 86ff.).

3.2 Legitimation der Betretungsverbote

Legitimiert werden diese Betretungsverbote durch Verfügungen der Stadtverwaltungen. In Bremen berufen sich Ordnungskräfte auf folgende Zeilen:

„[...]Ihnen wird der Aufenthalt in dem Gebiet, das in dem beiliegenden Stadtplan schwarz umrandet ist, untersagt. [...] Sie sind wegen Handels mit Betäubungsmitteln in Erscheinung getreten und gefährden hierdurch in erheblichem Maße die öffentliche Sicherheit. Der Bereich des bremischen Stadtgebietes, der in dem beiliegenden Stadtplan schwarz umrandet ist, gilt als besonderer Gefahrenort für Händler und Konsumenten von Rauschgiften. In diesem Bereich sind Sie angetroffen worden. Um zu verhindern, dass Sie in diesem Bereich weitere Straftaten wegen Handelns mit Betäubungsmitteln verüben und damit die öffentliche Sicherheit gefährden, ist das Aufenthaltsverbot erforderlich. [...] Diese Anordnung ist auch angemessen: das öffentliche Interesse überwiegt gegenüber Ihrem Privatinteresse, sich im gesamten Bezirk der Stadtgemeinde Bremen aufhalten zu dürfen" (BELINA 1999: 62 nach ARAB 1997).

Eindeutig ist hiermit kein offenes Vorgehen gegen alle Individuen dieser ‚Gruppe' legitimiert! Es seien stets die Umstände der Einzelfälle zu prüfen, dies geschieht in den meisten Fällen jedoch nicht. Eine Bestimmung, ‚wer' sich ‚wo' aufzuhalten hat bzw. welche Person bestimmte Bereiche nicht betreten darf, ist in der Regel reine Angelegenheit der Ordnungskräfte vor Ort(vgl. BELINA 1999: 63).

4. Fazit

Die Möglichkeiten, Personen Platzverweise zu erteilen oder die kurzzeitige Unterbringung in einer Zelle zu forcieren, gibt es seit Langem. Neu ist die präventive Maßnahme der Betretungsverbote. Hier stellt man den konkreten Raum als Container dar, die Menschen darin werden zu abstrakten Gegenständen oder Erscheinungen. Individuen werden gleichgeschaltet mit Dingen von objektiv (materiellem) unsauberen Charakter: Dreck, Hundekot, Müll und wilde Graffiti.

Dass diese Betretungsverbote unkritisch von der Bevölkerung beachtet werden, liegt im historisch-materialistischen Kontext daran, dass sich die „'Unsicherheitsproduzenten'" rund um Medien und Politik der Öffentlichkeit ein Bild einer „sozialen Krankheit" (REUBER 2012: 111) liefern. Sie dienen der Politik als „Intensivierung der sozialen Kontrolle" (REUBER 2012: 112 nach BELINA 2000). Auch Kartendarstellung, wie etwa Kriminalitätsatlanten führen dazu, „vorhandene sozialgeographische Stigmatisierungen zu verstärken [...] und zu forcieren oder in der politischen Diskussion als Argumentationsstrategie um Ausgrenzungs- und Sicherheitspolitik zu dienen" (REUBER 2012: 113). Dies führt wiederrum zu einer „räumlichen Verkopplung" (REUBER 2012: 112) (vgl. Abbildung 5).

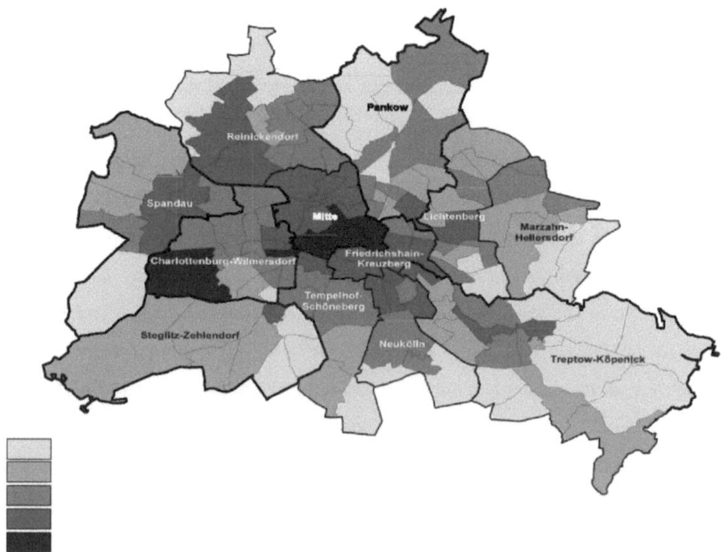

Abbildung 5: Kriminalitätsbelastung in Berlin. Begangene Straftaten insgesamt (Landeskriminalamt Berlin: 2013: 17).

Eine Stadt- oder Kommunalverwaltung hat also im Sinne des „interurbanen Wettbewerbs" (REUBER 2012: 109) ein sehr großes Interesse daran, ihre konsumstarken Gebiete ‚sauber' zu halten. Die bloße Anwesenheit bestimmter Personengruppen ist unerwünscht, sodass öffentlicher Raum zu einem ‚Nur-Konsumenten' Raum wird. Die Eliten nutzen – dieser Diskurs geschieht offenbar über Jahre hinweg – eine räumliche Argumentation, diese Gruppierungen aus dem Stadtbild zu halten und setzt diese hegemonisch – d. h. mit der ideologisch zustimmenden Gesellschaft – um (vgl. BELINA 1999 63f.). Sie legitimieren Ordnungskräfte dazu, sich „kundenorientiert" – das heißt im Sinne der Gesellschaft (hegemonisch) – agieren zu dürfen (vgl. ROLFES 2003: 345). Diese Zustimmung der Massen sicherzustellen, ist keinesfalls sichergestellt. In Zusammenarbeit mit Staatsapparaten wie etwa Schule, Familie, Religion und den ausführenden Apparaten (Polizei, Justiz) ist es den Eliten einer Stadt, bzw. einer Nation möglich, die Produktionsverhältnisse zu sichern (vgl. BELINA 1999: 60).

Eine Skalierung dieser ‚räumlichen Kriminalität' auf die globale Ebene fällt schwer, da Kriminalität ‚vor Ort' ausgeübt wird. Dennoch verteilen wohlhabende Staaten (Deutschland, EU Raum) Betretungsverbote mit nationalen Grenzen. So lässt sich in der Asylpolitik oder in der Vergabe von Aufenthaltsgenehmigungen ein ähnliches Muster der ‚verräumlichten' Kriminalität wiedererkennen. Menschen aus politisch unterdrückten Ländern, sowie bildungsarmen Gesellschaften, wird die Einreise erschwert. Die Politik behält sich daraus schließend potentielle Bezieher von Sozialleistungen „vom Leib".

Noch kleinräumlicher tritt dieses Phänomen in deutschen Fußballstadien auf, in denen Mitgliedern von „Ultra-Gruppierungen", teilweise in großer Zahl, Betretungsverbote für Bundesligaarenen ausgesprochen wird. Auch hier gilt die Prämisse, sich unerwünschte Nebenerscheinungen des Fußballs bereits vorher auszumerzen, sowie die Kommerzialisierung – damit ist unter anderem die Erhöhung der Eintrittspreise gemeint – voranzutreiben. Die Eliten: Verbände, Vereine und Sponsoren aus der Wirtschaft – haben großes Interesse an diesem Vorgang. Der einzelne Sympathisant bleibt auf der Strecke.

Klar sollte geworden sein, dass sich Wirtschaft und Politik sich ganz dem Rahmen einer wirtschaftlichen, unternehmerischen Stadt verschrieben haben und um jede Einnahme im Wettbewerb stehen. Sie geben dem Raum einen kriminellen Charakter und machen sich dieses öffentliche ‚Gut' zu Eigen. In diesem privaten Raum bleibt für Unerwünschte – willkürlich definiert durch vorangegangen Taten, als auch durch bloßes Aussehen und Anwesenheit – kein Platz bzw. kein Raum.

5. Literaturverzeichnis

BELINA, B. (2008): Kritische Geographie: Bildet Banden! In: ACME - An International E-Journal for Critical Geographies Band 7 (3). Internet: http://www.acme-journal.org/volume7-3.html .

BELINA, B. et al. (^{2}2008b): Raumproduktionen. Beiträge der Radical Geography; Eine Zwischenbilanz. Münster.

BELINA, B. (2000): Kriminelle Räume : Funktion und ideologische Legitimierung von Betretungsverboten. Kassel.

BELINA, B. (1999): Kriminelle Räume. Zur Produktion räumlicher Ideologien. In: Geographica Helvetica 54 (1), S. 59-66.

GEBHARDT, H. et al. (^{2}2011): Physische Geographie und Humangeographie. Heidelberg, S. 790-794.

Landeskriminalamt Berlin (2013): Kriminalitätsbelastung in öffentlichen Räumen (Kriminalitätsatlas Berlin 2013). Internet: https://www.berlin.de/polizei/_assets/.../kriminalitatsatlas_berlin_2013.pdf.

LEFEBVRE, H. (1975): Der Marxismus. München.

LEFEBVRE, H. (2006) : Die Produktion des Raums. In: Dünne, J. et al. (2006): Raumtheorie: Grundlagentexte aus Philosophie und Kulturwissenschaften, S. 330-340. Frankfurt am Main.

REUBER, P. (2012): Politische Geographie. Paderborn.

ROLFES, M. (2003): Sicherheit und Kriminalität in deutschen Städten. Über die Schwierigkeiten, ein soziales Phänomen räumlich zu fixieren. In: Berichte zur deutschen Landeskunde, Band 77 (4), S. 329-348.

SOJA, E. (2008): Verräumlichungen: Marxistische Geographie und kritische Gesellschaftstheorie. In: BELINA, B. et al. (^{2}2008) Raumproduktionen: Beiträge der Radical Geography; Eine Zwischenbilanz. Münster. S. 77-110.

SCHOLZ, F. (2000): Perspektiven des „Südens" im Zeitalter der Globalisierung. In: Geographische Zeitschrift (88): 12- 27.

BEI GRIN MACHT SICH IHR WISSEN BEZAHLT

- Wir veröffentlichen Ihre Hausarbeit, Bachelor- und Masterarbeit

- Ihr eigenes eBook und Buch - weltweit in allen wichtigen Shops

- Verdienen Sie an jedem Verkauf

Jetzt bei www.GRIN.com hochladen und kostenlos publizieren